Date:................

Name:................................

first name:............................

Addition

How many fruits do you count?

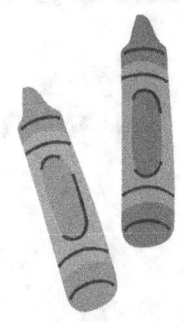

🍐 🍐 🍐 = ...

🍊 🍊 🍊 🍊 🍊 = ...

🍍 🍍 🍍 🍍 🍍 🍍 = ...

🍇 🍇 🍇 🍇 🍇 🍇 🍇 = ...

🍋 🍋 🍋 🍋 🍋 🍋 🍋 🍋 = ...

3

Finish the number sentences:

2 + 5 = ...

4 + 3 = ...

1 + 9 = ...

8 + 6 = ...

7 + 4 = ...

9 + 6 = ...

7 + 8 = ...

0 + 3 = ...

10 + 2 = ...

6 + 1 + 3 = ...

5 + 2 + 3 = ...

8 + 1 + 2 = ...

4 + 7 + 3 = ...

6 + 5 + 7 = ...

5 + ... = 8

2 + ... = 5

..... + 6 = 9

9 + ... = 9

4 + ... = 10

.... + 7 = 13

8 + ... = 15

4

Example:

$$\begin{array}{r} 78 \\ +\;21 \\ \hline =\ldots\ldots\ldots \\ 99 \end{array}$$

we write :   78 + 21 = 99

complete this add sum.

12
+ 13

=..............................

12........+..............=...............

complete this add sum.

```
  2 2
+
  3 1
-----------------------------
```

=..............................

.........+....31..........=..............

complete this add sum.

```
  1 4
+ 2 1
-----------
```

=...........................

.........+..............=...............

complete this add sum.

```
  3 5
+ 1 3
-------
```

=..............................

.........+..............=..............

complete this add sum.

```
  5 4
+ 2 3
-------
```

= ....

.........+...............=...............

complete this add sum.

```
  2 8
+
  7 1
-------------------
```

=..............................

.........+...............=...............

complete this add sum.

```
   5 6
 + 4 2
 ---------
 = ..................
```

.........+...............=...............

complete this add sum.

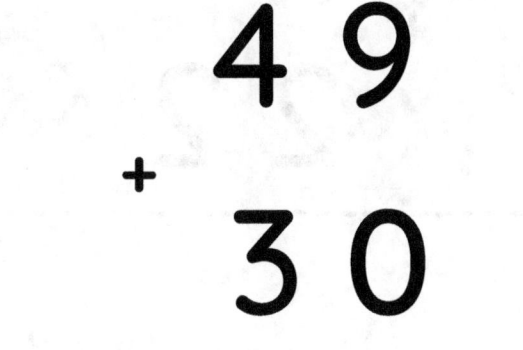

= ....

.........+...............=...............

complete this add sum.

```
  8 7
+
  2 2
-------------
```

=................................

.........+...............=...............

complete this add sum.

$$\begin{array}{r} 12 \\ +65 \\ \hline \end{array}$$

=..............................

.........+..............=..............

complete this add sum.

```
  1 2 4
+ 1 3 5
---------
```

=...........................

.........+.............=..............

complete this add sum.

$$544 + 235$$

=..............................

..........+..............=..............

complete this add sum.

```
  8 4 7
+ 1 3 2
---------
```

= ....

.... + ... = ...

complete this add sum.

$$\begin{array}{r} 128 \\ +\ 371 \\ \hline \end{array}$$

=..............................

.........+..............=..............

complete this add sum.

```
   12
+
   21
+
   10
-------------
= ....4....3....
```

............+............+............=............

complete this add sum.

$$\begin{array}{r} 11 \\ +\ 21 \\ +\ 32 \\ \hline \end{array}$$

= ....

.... + ... + ... = ...

complete this add sum.

$$\begin{array}{r} 35 \\ +22 \\ +41 \\ \hline \end{array}$$

=..............................

..................+..............+................=...............

complete this add sum.

```
  3 6
+ 1 2
+ 5 1
------
```

=...............................

...............+...............+...............=...............

complete this add sum.

```
   1 6
+
   5 3
+
   2 0
------------------------
=........................
```

................+..............+...............=...............

find the sums:

40 + 15 = ...

13 + 25 = ...

78 + 31 = ...

94 + 63 = ...

find the sums:

820 + 165 = ...

456 + 541 = ...

875 + 512 = ...

251 + 120 + 326 = ...

complete this add sum.

```
  1 8
+
  6 5
-------------------------
```

=..............................

..............+.............=..............

complete this add sum.

$$46$$
$$+\ 37$$

=..............................

................+.............=..............

complete this add sum.

```
  2 9
+
  6 5
-----------------------
```

=..............................

................+............=..............

complete this add sum.

```
  1 4
+ 8 7
-------
```

= ....

.... + ... = ...

complete this add sum.

```
  1 8
+
  7 9
-----------------------
```

= ....

................+..............=..............

complete this add sum.

8 5
+
6 6

=...............................

................+............=.............

complete this add sum.

```
   4 7
 + 6 9
------------
```

=..........................

.............+............=..............

complete this add sum.

```
  1 8
+
  2 3
+
  3 0
-----------------
= ...................
```

.... + ... + ... = ...

complete this add sum.

```
   7 4
 +
   5 3
 +
   2 7
-----------------------
 =..........................
```

................+..............+...............=...............

complete this add sum.

```
   7 8
+  5 9
+  2 3
-------
=..........
```

............+............+............=............

find the sums:

54 + 63 =.....  87+ 29 =.....

66 + 98 =..... 46 + 94 =.....

find the sums:

545 + 348 =....

846 + 638 =....

647 + 463 =....

954 + 896 = ...

find the sums:

54 + 63 + 45 =.....

75 + 22 + 87 =....

524 + 633 + 542 =...

884 + 783 + 365 =....

substraction

find the difference

```
  3 2
-
  1 1
---------------------
```

=..........................

..................-.............=..............

find the difference :

```
  6 4
-
  2 1
-----------
```

=............................

..................-..............=...............

find the difference :

$$\begin{array}{r}5\,6\\-3\,2\\\hline\end{array}$$

= ....

.... - .... = ...

find the difference :

```
  5 9
-
  4 3
-------------
```

= ....

.... - .... = ...

find the difference :

```
  9 8
-
  5 7
-------------------------
```

= ....

.... - .... = ...

find the difference :

```
  6 7
-
  4 3
---------------------
```

= ....

.... - .... = ...

find the difference :

```
  9 4
-
  2 2
```

= ....

.... - .... = ...

find the difference :

12 - 10 =.....

46 - 23 =.....

65 - 55 =.....

89 - 57 =.....

find the difference :

125 - 213 =.....

489 - 264 =.....

954 - 743 =.....

854 - 653 =.....

Subtraction with carry

find the difference :

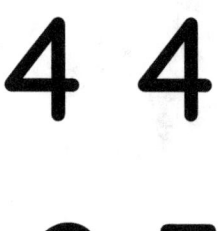

```
  4 4
-
  2 5
---------------------
```

=..........................

..................-................=..............

find the difference :

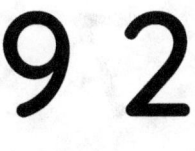

$$\begin{array}{r} 92 \\ -64 \\ \hline \end{array}$$

= ....

.... - .... = ...

find the difference :

```
  7 4
-
  2 9
-----------
```

= ....

.................-.................=................

find the difference :

```
  8 6
-
  6 7
---------------------
```

= ....

..................-..................=..................

find the difference :

```
  7 3
-
  1 5
-----------
```

= ....

.... - .... = ...

find the difference :

```
  954
-  126
-------
```

=............................

................-..............=..............

find the difference :

```
  7 5 8
-
  5 6 3
-------------
```

=..............................

..................-..................=..................

find the difference :

```
  9 3 7
-
  5 6 9
---------
```

=..............................

.................-..............=..............

find the difference :

7 6 2
- 2 7 3

=..............................

................-..............=..............

find the difference :

27 - 18 =.....

48 - 39 =.....

91 - 59 =.....

87 - 48 =.....

find the difference :

628 - 259 =.....

985 - 694 =.....

874 - 789 =.....

584 - 368 =.....

COMPARISON OF NUMBERS

compare the numbers by using
< , > or = .

2 ..<... 5

6 4   9 7   8 6

5 9   10 11   1 6

5 4   9 6   3 2

12 14   13 6   10 6

                               8 6

                               8 16

compare the numbers by using
< , > or = .

38......16   13......15

19......15
                  29......17

32......26
22......16
                  24......19
28......37

                  28......45
49......36

        28......46
50......47

compare the numbers by using < , > or = .

8+1......6

9+3......7

5+4......14

3......7+6

7+4......9+7

6+5......8+7

compare the numbers by using
< , > or = .

2+6 8   5+4 17

10+3 18

9+8 ...... 6+7

14+5 ...... 16+3

10+8 ...... 11+4

compare the numbers by using
< , > or = .

5-3 6

4 8-5

10-6 9

7-5 9

10-9 1

compare the numbers by using
< , > or = .

9 16-12

13-10 6

15-9 7

12 14-5

14-5 13

19-5 17

compare the numbers by using
< , > or = .

14-8......16-3

12-4......15-7

17-5......18-6

10-7......13-9

compare the numbers by using
< , > or = .

15-12 17-13

19-15 16-10

22-15 24-14

29-18 27-16

compare the numbers by using
< , > or = .

32-25 44-24

64-55 84-74

96-87 132-110

323-315 59-46

compare the numbers by using < , > or = .

547-536 248-234

333-326 654-640

965-944 748-712

Table of contents

Addition 2

Addition with carry 27

Subtraction 41

Subtraction with carry.............................51

Comparison of numbers 63

www.ingramcontent.com/pod-product-compliance
Lightning Source LLC
Chambersburg PA
CBHW080521220526
45465CB00006B/2557